一支 攪拌棒
輕鬆完成超人氣糕點

出版菊

以手持攪拌棒製作
大受歡迎的手工糕點

料理過程使用手持攪拌棒的人很多，
但其實在製作糕點時也能非常活躍地廣泛運用。
因為它在「混拌」、「切碎」、「打發」等步驟上，
同時具有優異表現。

用攪拌器嘎啦嘎啦費力混拌的材料，
以電動球狀打蛋器轉眼即可完成。
用刀子咚咚咚耗時切碎的材料，
以切碎盆即可漂亮迅速地完成。
有了這樣的助力，在風味、外觀上都能更上一層樓。

廚房若有一台備用，
就是製作糕點最佳的幫手了。

前言

我個人使用手持攪拌棒的契機，始於早晨製作冰砂。

在時間不夠、忙碌的晨間為家人製作飲品，心想：「總之至少先喝下一些營養！」

大塊切好的各種蔬菜或水果，混合優格一起攪拌。

冷凍的水果只需稍稍解凍，就能夠瞬間完成。

迷上了如此輕鬆簡單的方法，之後也運用在製作湯品。

在鍋中將燉煮的材料全部一起混拌，真的非常方便。

運用在製作離乳食品很有幫助，

所以在朋友生產時也開始用手持攪拌棒當作賀禮。

不僅如此，我個人一直認為製作糕點時，手持攪拌機是最適合的工具，

到目前為止我所出版的糕點食譜中，手持攪拌機都不可或缺。

開始想要嚐試以手持攪拌棒製作糕點的契機，

始於某一次臨時想要在攝影棚內試作蛋白霜的糕點時。

需要使用電動攪拌機，所以請當時的編輯前去購買，

但卻發現「量販店內沒有販售」。「咦～，怎麼會這樣！？」真是令人驚訝的狀況。

當時正好攝影棚內有裝著球狀打蛋器的手持攪拌棒，試試看，居然成功地打出完美蛋白霜！

到目前為止，原本使用食物調理機混拌材料製作的塔餅麵團、司康，

或奶油糕點，都改用切碎盆來製作，不僅順利完成，效果也非常好。

本書當中，基於我個人對手持攪拌棒的驚艷以及對其功能的信任，

全面介紹了靈活運用手持攪拌棒各種配件所製作的烘焙糕點、冰涼點心、

冰砂等各式種類豐富的糕點與飲品。

即使是初學者也能迅速上手，完美地作出漂亮的成品。

請大家務必試試看。

荻田尚子

Contents

Part 01

使用攪拌棒製作的糕點

Blender
攪拌棒

Part 02

使用切碎盆製作的糕點

Universal cutter
切碎盆

Part 03

使用球狀打蛋器製作的糕點

Whipper
球狀打蛋器

Part 04

用各式各樣配件製作的糕點

Combination
混合配件

本書的規則

· 1大匙是15ml、1小匙是5ml。

· 烤箱使用電烤箱。若使用瓦斯烤箱，請將溫度調降10℃，也會依機種而有所不同，所以請視狀況進行調整。

· 微波使用600W進行。500W時，請將時間設定為1.5倍，也會依機種而略有不同，所以請視狀況進行調整加熱時間。

本書的使用方法

· 配合本書所使用手持攪拌棒附件的名稱，在製作說明會標示「攪拌棒Blender」（混拌搗碎用）、「切碎盆Universal cutter」（切碎混拌用）、「球狀打蛋器Whipper」（打發用）。分別裝置在攪拌棒本體，使其轉動。攪拌棒的配件「調理杯Blender Jug」（便於製作果汁或醬汁時使用的附蓋容器），標示為「Jug」。

· 手持攪拌棒會因機種不同，操作方法有些差異，攪拌、打發的力道和時間也會不同，請依糕點配方的特徵搭配使用。

手持攪拌棒3種配件的使用方法

本體各別裝置「攪拌棒」「切碎盆」「球狀打蛋器」後使用。

配合製作糕點的步驟，區分選出最適用的配件吧。

首先，請大家確實理解記住各種配件的機能、特性，以及使用時的重點。

攪拌棒
Blender

混拌

將材料放入調理杯或鉢盆中混拌。材料當中含有雞蛋或牛奶等液體時，僅有粉類的混拌並不適合。

搗碎

也可以用於搗碎綜合堅果等。與壓碎時相同，由上按壓使其碎裂，重覆這個動作就能細細地將材料打碎。

壓碎

香蕉、芒果、草莓等水果，不需用力就能輕易壓碎。最初由上方按壓般使其碎裂，之後產生水分，就會更容易進行。

〔使用方法的重點〕

上下動作

混拌時，攪拌棒在液體中上下動作，如此就能使全體均勻混拌，俐落地完成。若動作在液體外，會造成液體的噴濺飛散，所以必須多加注意。

切碎盆
Universal cutter

混拌		切碎

用手混拌砂糖和奶油時需要力氣,但若使用切碎盆就能輕易地完成。最開始是連續地嘎哧嘎哧混拌,待奶油融入後,連續長壓3～5秒左右使其混拌。若有雞蛋和砂糖等液體時,從一開始就連續長壓混拌。

料理當中經常使用的紅蘿蔔碎、洋蔥碎等,都可以很輕易地完成。切碎時,將切成一口大小的材料放入盆中,按下開關。另一手拿起切碎盆,邊振動邊使其能迅速均勻切碎。本書的紅蘿蔔蛋糕,使用的就是紅蘿蔔碎。

〔使用方法的重點〕

間歇地嘎哧嘎哧混拌

手指按壓開關1秒後放開,再按壓1秒後放開。持續重覆這個動作的混拌方式,本書的食譜配方中,會以此方式來表達,請大家先記住吧。

長壓使其混拌

手指按壓開關3～5秒後放開,再按壓3～5秒後放開。重覆這個長壓的混拌方式,這個方法也會出現在本書的食譜配方中,請大家也先記住。

球狀打蛋器
Whipper

打發蛋白或鮮奶油時使用。製作蛋白霜時,放入調理杯的蛋白最多只能2個,要打發超過這個份量的蛋白時,請使用缽盆,最好使用底部較深的缽盆。傾斜時球狀打蛋器的鋼絲可以充分浸入蛋白。

混拌

摩擦般混拌砂糖和雞蛋時,是以手持攪拌棒主體裝置球狀打蛋器的狀態下使用。但在調理杯當中,打發好的材料加入粉類時,則要將球狀打蛋器從主體上拆卸下來,用手拿著如一般攪拌器般使用。

〔蛋白和鮮奶油的打發方法〕

打發蛋白製作蛋白霜、打發液體鮮奶油製作鮮奶油香醍,就是球狀打蛋器最活躍的時候。在此介紹會出現在食譜配方中的打發狀態。

蛋白霜

稠軟蛋白霜
拉起球狀打蛋器時,前端尖角會彎垂。

堅硬蛋白霜
拉起球狀打蛋器時,前端尖角會確實直立。

打發鮮奶油

8分打發
拉起球狀打蛋器時,尖角會確實直立但前端會彎垂。

9分打發
拉起球狀打蛋器時,鋼絲前端的奶油會凝固沾黏。

〔使用方法的重點〕

高速→向右圈狀攪拌　低速→向左圈狀攪拌

手持攪拌棒可在機器上切換「高速」「低速」的按鍵,以區分使用速度。若使用的機種沒有切換鍵時,可用握著手持攪拌棒的手,從調理杯或缽盆的中央向右圈狀攪拌、向左圈狀攪拌的混拌方式,來調整速度。本書使用的機種,會自動向左圈狀攪拌,所以在高速時,手可以向右圈狀移動。向左圈狀動作的球狀打蛋器,搭配上向右圈狀移動時,會攪入較多的空氣,可以更迅速地打發。反之,低速時,則手可以向左圈狀移動。

Part 01

使用攪拌棒製作的糕點

Blender

攪拌棒

混拌、壓碎、搗碎材料時使用。混拌時上下
移動，壓碎、搗碎時由上方按壓般地動作就
是重點。烘烤糕點、果凍、冰淇淋、雪酪等，
各種富於變化的甜點都在這一章。

Cupcake
杯子蛋糕

只要輕鬆將材料放入調理杯中混拌。
可以享用到潤澤且鬆軟的口感。

〔材料〕

迷你紙杯（上寬5.5×高4cm）5個

雞蛋 … 1個
上白糖 … 40g
牛奶 … 1大匙
奶油（無鹽）… 40g
A｜低筋麵粉 … 60g
　｜泡打粉 … 1/2小匙

〔預備作業〕

· 混合過篩A。
· 奶油放入耐熱容器內，鬆鬆地覆蓋上保鮮膜，放入600W的微波爐中加熱50秒使奶油融化。
· 以170℃預熱烤箱。

〔製作方法〕

1　將材料放入調理杯中混拌

將雞蛋、砂糖、牛奶放入調理杯中。

用攪拌棒上下動作，混拌至材料均勻為止。

2　加入融化奶油混拌

在1當中加入融化奶油。

再次使攪拌棒上下動作，混拌至材料均勻為止。

3　加入粉類混拌

加入完成過篩的A。

邊用橡皮刮刀將沾黏在調理杯的材料刮落，邊由下方朝上翻起避免過度地混拌。

4　放入紙杯烘烤

待粉類消失後，倒入紙杯中 約6～7分滿，放入170℃烤箱烘烤約20分鐘。

5　完成

用竹籤刺入中心，若竹籤沒有沾上稠黏的麵糊，即已完成烘烤。

Blender
Brownie
布朗尼

Blender

Banana cake

香蕉蛋糕

Brownie

布朗尼

合體馨香堅果和濃郁巧克力的奢華風味。
堅果的口感更具畫龍點睛之效。

〔材料〕

琺瑯方型淺盤（21 × 16.5 × 高3cm）1個

甜巧克力（sweet chocolate）… 100g
奶油（無鹽）… 50g
上白糖 … 50g
雞蛋 … 2個
綜合堅果 … 100g
A｜ 低筋麵粉 … 40g
　　可可粉 … 10g
　　泡打粉 … 1小匙

〔預備作業〕

· 雞蛋於1小時（夏季30分鐘）前由冷藏室
　取出備用。
· 混合過篩A。
· 在方型淺盤上舖放烤盤紙。
· 以180℃預熱烤箱。

〔製作方法〕

1　在耐熱缽盆中放入切碎的巧克力和奶油，以微波爐加熱1分
　　30秒。

2　加入砂糖，用攪拌棒將材料混拌至均勻為止。

3　逐次加入1個雞蛋，每次加入後都用攪拌棒混拌至滑順為止。

4　加入半量的堅果，邊用攪拌棒搗碎成個人喜好的大小，邊進行
　　混拌。

5　加入完成過篩的A，以橡皮刮刀粗略地混拌。

6　倒入方型淺盤並平整表面，撒放上其餘的堅果。

7　放入180℃烤箱烘烤約25分鐘。

8　連同方型淺盤一起置於網架上冷卻，降溫後從方型淺盤中取出
　　切成個人喜好的大小。

Memo

與堅果一起加入葡萄乾或黑李乾等果乾也很美味。請以約50g的份量
為加入標準。

a

b

Banana cake

香蕉蛋糕

僅需混拌烘烤的簡易糕點。用攪拌棒混拌時，
殘留一些香蕉和堅果的口感就是美味製作的秘訣。

〔材料〕

磅蛋糕模（長18×寬7×高6cm）1個

雞蛋 … 1個
二砂糖 … 45g
冷壓白芝麻油（或是菜籽油）… 50ml
香蕉 … 2根（實重150g）
核桃 … 30g
A｜低筋麵粉 … 80g
　｜泡打粉 … 1小匙

〔預備作業〕

· 混合過篩A。
· 在模型內舖放烤盤紙。
· 以170℃預熱烤箱。

〔製作方法〕

1　將雞蛋、砂糖放入調理杯內，用攪拌棒上下移動混拌至均勻為止 [a]。

2　加入油，同樣地混拌，再加入粗略折成塊狀的香蕉和核桃，用攪拌棒大致地混拌 [b]。

3　加入完成過篩的A，以橡皮刮刀由下而上地翻拌，避免過度地混拌。待粉類完全消失後，倒入模型中。

4　以170℃烤箱烘烤約15分鐘。暫時取出，用刀子在表面中央橫向劃出一道切紋，再次放入烤箱中，烘烤約15分鐘。

5　用竹籤刺入中心，若竹籤沒有沾上稠黏的麵糊，即已完成烘烤。連同烤盤紙一起脫模，置於網架上，橫向倒放使其冷卻。

Memo

在步驟2，香蕉與核桃不要過度搗碎，核桃只要粗略打成塊狀即OK。
步驟4的烘烤過程中，劃出切紋是為了烤出漂亮的裂紋。

a

b

Pudding

布丁

是大家都很喜愛的經典。
具有彈性的口感、柔和的雞蛋風味,令人樂在其中。

〔材料〕

布丁模
(上寬6.5 × 底部4.5 × 高5.5cm)4個

<u>焦糖</u>
上白糖 … 30g
水 … 1大匙
熱水 … 1大匙

<u>布丁液</u>
牛奶 … 200ml
雞蛋 … 2個
上白糖 … 40g

〔製作方法〕

1　製作焦糖。在小鍋中放入水和砂糖加熱,待砂糖融化成為糖漿,鍋邊開始呈現金黃色時,晃動鍋子使其顏色均勻。待成為個人喜好的焦糖顏色時,熄火,加入熱水(會噴濺需注意),混合後立即倒入布丁模內,置於室溫中。

2　製作布丁液。將牛奶放入耐熱容器中,用600W的微波爐加熱1分20秒。

3　將雞蛋、砂糖和2放入調理杯,以攪拌棒上下移動使材料混拌至均勻[a]。用網篩過濾,倒入模型中。

4　用較厚的鍋子煮沸2 ～ 3cm高的熱水,熄火後在鍋底舖放廚房紙巾,擺放3的布丁模。確實蓋上鍋蓋[b],用極弱的小火加熱5分鐘,關火以蓋著鍋蓋的狀態再燜蒸5分鐘。

5　連同模型一起晃動看看,中央部分不是液狀,而是具彈性地晃動時,就可以取出冷卻。降溫後,放在冷藏室冰涼。

6　用手指按壓模型周圍的邊緣處使其產生空間,插入刀子(或薄刮刀)再翻面倒扣至盤上。

Memo

在步驟4,舖放廚房紙巾後擺放布丁模時,熱水的高度約是2cm左右。蒸5分鐘後,晃動時若仍是液狀,則再以3分鐘為單位,小火加熱,重覆進行至呈現具彈性的晃動為止。

a

b

Mango pudding

芒果布丁

雖然名為布丁，但實際上是用明膠凝固而成的果凍。
芒果的風味滿滿在口中並擴散。

〔材料〕

果凍模（上寬7.5 × 底部5.5 × 高4cm）4個

冷凍芒果 … 200g
水 ⓐ … 100ml
上白糖 … 25g
香草冰淇淋（市售）… 100g
粉狀明膠 … 5g
└ 水 ⓑ … 2大匙
冷凍芒果（裝飾用）… 約30g

〔預備作業〕

· 冷凍芒果置於室溫中解凍。
· 在耐熱容器中放入水 ⓑ，撒入明膠
  粉使其還原。

〔製作方法〕

1　將芒果、水 ⓐ、砂糖放入調理杯，以攪拌棒混拌至壓碎芒果
　　為止。

2　在耐熱容器內放入香草冰淇淋，不包覆保鮮膜以600W微波爐加
　　熱1分30秒融化。

3　在2仍溫熱時加入還原後的明膠，以橡皮刮刀混拌至明膠融化
　　為止。加入1杓步驟1的材料混拌，再倒回1當中，以攪拌棒攪
　　拌混合。

4　等量地倒入模型中，放入冷藏室冷卻3小時以上凝固。

5　將模型快速地浸入熱水中，用手指按壓模型周圍的邊緣處使其
　　產生空隙，蓋上盤子後翻面倒扣，上下振動脫出模型。裝飾上
　　切成小塊的芒果。

Memo

芒果也可以使用新鮮的水果。此時視甜度，酌量地加入砂糖，稍感甜味
地調整用量。

Blender

Sweet potato

烤甜薯

可以完全品嚐番薯本身的美味。
噴香的烤色後隨之而來是甘甜的後韻。

〔材料〕

4個

番薯 … 2條（500g）

A｜蜂蜜 … 2小匙～1大匙
　｜奶油（無鹽）… 20g
　｜牛奶 … 1大匙
　｜蘭姆酒 … 1小匙

蛋黃 … 1個

蜂蜜 … 適量

〔預備作業〕

· 以200℃預熱烤箱。

〔製作方法〕

1 番薯洗淨後以200℃的烤箱烘烤約50分鐘，加熱至竹籤可以輕易刺穿為止。

2 縱向對半剖開，注意避免破壞外皮，用湯匙將中間挖空，將番薯肉放入調理杯中。

3 加入A，一開始以攪拌棒由上而下地按壓攪動，之後混拌至全體滑順為止。

4 將3填回2的番薯外皮內，表面以刷子刷塗蛋黃。用200℃的烤箱烘烤約10分鐘，烘烤至表面呈現烤色。

5 盛盤，澆淋上蜂蜜。

Memo

雖然番薯用微波加熱可以在短時間變軟，但請務必使用烤箱慢慢烘烤。烘烤才能烘托出風味並且更加鬆軟可口。

Ganache

生巧克力蛋糕

使用高可可成分的巧克力，品嚐微苦風味。
也非常適合搭配葡萄酒。

〔材料〕

磅蛋糕模（長18×寬7×高6cm）1個

雞蛋 … 2個
苦甜巧克力（bitter chocolate）（可可成分
70%以上）… 100g
奶油（無鹽）… 80g
細砂糖 … 30g

〔預備作業〕

· 雞蛋放置回復室溫。
· 巧克力切碎。塊狀巧克力粗略切分
　後，以切碎盆切碎。
· 在模型中舖放烤盤紙。
· 以180℃預熱烤箱。

〔製作方法〕

1　將雞蛋放入調理杯中，攪拌棒上下移動，攪拌至打散蛋白。

2　在缽盆中放入巧克力碎和切成薄片的奶油，隔水加熱（60℃左右）使其融化。

3　用橡皮刮刀緩慢地混拌使其融化，加入細砂糖和1的雞蛋。以隔水加熱的狀態，邊轉動攪拌棒邊進行混拌。

4　待細砂糖融化後，停止隔水加熱，用攪拌棒混拌至產生濃稠和光澤。

5　倒入模型中，平整表面後置於深烤盤上，烤盤中倒入2cm高的熱水。以180℃的烤箱隔水烘烤約15分鐘。

6　連同模型一起置於網架上降溫，放入冷藏室冷卻3小時以上。

Memo

步驟5烘烤完成的判斷在於表面變乾的程度。烘烤過度時會變硬，口感變差，所以要多加注意。

Blender

Yogurt cake

優格蛋糕

飄著鳳梨酸甜香氣的簡單蛋糕。
不使用奶油,所以口感更輕盈爽口。

〔材料〕

琺瑯方型淺盤(21 × 16.5 × 高3cm)1個

A │ 雞蛋 … 1個
  │ 上白糖 … 50g
  │ 原味優格 … 100g
  │ 冷壓白芝麻油(或菜籽油)… 50ml

鳳梨(罐頭)… 150g

B │ 低筋麵粉 … 100g
  │ 泡打粉 … 1/2 小匙

杏仁片 … 20g

〔預備作業〕

· 混合過篩B。
· 在模型中舖放烤盤紙。
· 以170℃預熱烤箱。

〔製作方法〕

1　將A和鳳梨的半量放入調理杯中,攪拌棒上下移動,攪拌至均勻。

2　加入完成過篩的B,用橡皮刮刀從底部向上翻起,避免過度地混拌。

3　混拌至粉類消失後,倒入模型中,平整表面,其餘的鳳梨切塊後擺放在表面,撒上杏仁片。

4　以170℃的烤箱烘烤約30分鐘。

Memo

僅需混拌的簡單優格蛋糕。用罐頭柑橘或水蜜桃等取代鳳梨來製作也很美味。

Blender

Milk jelly

2 種奶酪

凝聚封鎖住杏仁的風味，口感極佳。
草莓擺在打發鮮奶油上可愛地完成。

〔材料〕

杏仁果／120ml的玻璃杯2杯
草莓／120ml的玻璃杯3杯

杏仁果

杏仁果（烘焙、無鹽）… 100g
水 ⓐ … 250ml
蜂蜜 … 2大匙
粉狀明膠 … 3g
 └ 水 ⓑ … 1大匙

草莓

草莓 … 250g
A │ 上白糖 … 60g
 │ 牛奶 … 200ml
 │ 鮮奶油 … 50ml
粉狀明膠 … 5g
 └ 水 … 2大匙

草莓（裝飾用）… 3個

鮮奶油 … 50ml
上白糖 … 1/2小匙

〔預備作業〕

· 在耐熱容器中放入用量的水，各別
 撒入明膠粉使其還原。

〔製作方法〕

〈杏仁果〉

1 杏仁果浸泡在大量水中，放置8小時以上。

2 用網篩將1取出瀝乾水分，放入調理杯中加入用量的水 ⓐ 和蜂蜜。以攪拌棒上下移動將杏仁果混拌成粒狀[a]。

3 將墊放廚房紙巾的網篩，架放在缽盆上，倒入2，用力絞擠出杏仁奶。

4 將還原的明膠以600W微波爐加熱20秒融化，加入2大匙3混拌。倒回3的杏仁奶當中用攪拌棒粗略混拌，移至別的缽盆中。

5 在缽盆底部墊放冰水，用橡皮刮刀混拌至產生濃稠，倒入玻璃杯中放入冷藏室3小時以上冷卻凝固。

Memo

在步驟1浸泡杏仁果時，若是夏季請放入冷藏室比較安心。

〈草莓〉

1 在調理杯中放入草莓和A，用攪拌棒上下移動混拌至均勻為止[b]。

2 將還原的明膠以600W微波爐加熱20秒融化。

3 加入2大匙的1至2混拌。倒回1的草莓牛奶中用攪拌棒粗略混拌。

4 倒入玻璃杯，放入冷藏室冷卻凝固。

5 將鮮奶油和砂糖放入洗淨並拭乾的調理杯中，用攪拌棒攪打至8分發（→參照P10）

6 將5盛放在4上，擺放草莓裝飾。

Memo

草莓會因搗碎方法而各有不同的口感樂趣。若是喜歡有顆粒感時就短時間攪打；喜歡滑順感時，就請攪打較長時間。

a
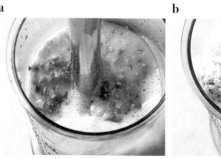

b

Ice cream

2種冰淇淋

巧克力冰淇淋有著柔和的美味。
牛奶冰淇淋則是濃醇豐郁的滋味。

〔材料〕

巧克力／完成時約400ml
牛奶／完成時約500ml

巧克力
牛奶巧克力 … 100g
牛奶 … 250ml
鮮奶油 … 100ml

牛奶
加糖煉乳 … 80g
牛奶 … 200ml
鮮奶油 … 200ml

〔製作方法〕

〈巧克力〉

1　巧克力切碎放入缽盆中。

2　將鮮奶油放入耐熱容器內，以600W微波爐加熱40秒。立刻倒入1，靜置1分鐘使巧克力碎融化。

3　用攪拌棒混拌[a]，待全體均勻後，少量逐次地加入牛奶混拌使其融合。

4　置於冷凍室冷卻，待凝固後，用攪拌棒均勻混拌。重覆這個作業2～3次。

Memo
使用板狀巧克力時，請選用牛奶風味的巧克力，並用手剝成小塊後放入缽盆中。

〈牛奶〉

1　將所有的材料放入缽盆中，用攪拌棒混拌至煉乳融化均勻混合為止。

2　置於冷凍室冷卻，待凝固後，用攪拌棒均勻混拌[b]。重覆這個作業2～3次。

Memo
依個人喜好地添加香蕉、草莓等水果，或是巧克力脆片、餅乾等混拌都OK。加入的份量也請視個人喜好而定。

a

b

Tomato sherbet

番茄雪酪

具有大量茄紅素的爽口雪酪。
搭配早餐享用也非常適合。

〔材料〕

完成時約450ml

番茄 … 4個（600g）
蜂蜜 … 4～6大匙

〔製作方法〕

1　番茄去蒂橫向剖開，去籽切成大塊後放入缽盆中。

2　加入蜂蜜，用攪拌棒攪拌至呈滑順狀態。

3　置於冷凍室中冷卻，待凝固後，用攪拌棒均勻混拌。再次重覆這個作業。

Memo

蜂蜜請視番茄的甜度，調整成略感甜味的份量。

Melon sherbet

哈密瓜雪酪

就像吃著整顆哈密瓜般的奢華風味。
使用成熟甘甜的哈密瓜，請控制砂糖的用量。

〔材料〕

完成時約650ml

哈密瓜 … 1/2個（約700g）
上白糖 … 60 ~ 70g
哈密瓜（裝飾用）… 適量

〔製作方法〕

1　哈密瓜去皮去籽，切成一口大小（實際用量600g）。

2　將1和砂糖放入缽盆中，用攪拌棒攪拌至呈滑順狀態。

3　置於冷凍室中冷卻，待凝固後，用攪拌棒均勻混拌。再次重
　覆這個作業。

Memo

砂糖請視哈密瓜的甜度調整成略感甜味的用量。

Green smoothie

3 種綠冰砂

就像飲用整棵蔬菜、水果般的多汁美味！
早餐、點心、宿醉時，務必來一杯試試。

〔材料〕

完成時各約 200ml

小松菜	高麗菜	酪梨
小松菜 … 2 株（50g）	高麗菜 … 1/2 片（50g）	酪梨 … 1/4 個（實際用量50g）
蘋果 … 1/2 個（實際用量100g）	鳳梨（新鮮）… 實際用量80g	香蕉 … 1/3 根（實際用量30g）
蜂蜜 … 1 小匙	水 … 50ml	檸檬汁 … 1 小匙
水 … 50ml		蜂蜜 … 1 小匙
		水 … 150ml

〔製作方法〕

1　小松菜和蘋果略切成塊，連同其餘的材料一起放入調理杯中。

2　用攪拌棒攪打至均勻，倒入玻璃杯。

1　高麗菜和鳳梨略切成塊，連同水一起放入調理杯中。

2　用攪拌棒攪拌至均勻，倒入玻璃杯。

1　酪梨和香蕉略切成塊，連同其餘的材料一起放入調理杯中。

2　用攪拌棒攪拌至均勻，倒入玻璃杯。

Fruit smoothie

3種水果冰砂

蘯漾著清爽水果香氣的冰砂。
毫不遺漏地吃進水果的營養。

〔材料〕

完成時各約200ml

柳橙
柳橙 … 1/2個（實際用量80g）
紅蘿蔔 … 1/5根（實際用量40g）
小番茄 … 50g
水 … 50ml

藍莓
藍莓 … 100g
原味優格 … 100g
蜂蜜 … 1小匙

奇異果
奇異果 … 1個（實際用量100g）
葡萄柚 … 實際用量100g
蜂蜜 … 1小匙

〔製作方法〕

1　柳橙和紅蘿蔔切成2cm的方塊，小番茄去蒂對半分切，連同水分一起放入調理杯中。

2　用攪拌棒攪拌至均勻，倒入玻璃杯。

1　全部的材料一起放入調理杯中。

2　用攪拌棒攪拌至均勻，倒入玻璃杯。

1　奇異果和葡萄柚切成2cm的塊狀，連同蜂蜜一起放入調理杯中。

2　用攪拌棒攪拌至均勻，倒入玻璃杯。

Shake

3 種奶昔

只要有手持攪拌棒，製作奶昔更是易如反掌。
放入調理杯混拌即可。

〔材料〕

完成時各約 200ml

草莓
草莓 … 100g
香草冰淇淋（市售）… 100g
牛奶 … 60ml

可爾必斯
可爾必斯（原汁）… 2 大匙
水 … 100ml
香草冰淇淋（市售）… 100g
薄荷 … 2g

巧克力
板狀巧克力（牛奶）… 1/2 片（25g）
牛奶 … 80ml
香草冰淇淋（市售）… 100g

〔製作方法〕

1　草莓去蒂，置於冷凍室一夜。

2　由冷凍室取出半解凍後放入調
　　理杯中，加入香草冰淇淋和牛
　　奶，用攪拌棒一起混拌至均
　　勻。倒入玻璃杯。

1　可爾必斯加水混拌後，倒入舖
　　放好保鮮膜的方型淺盤中，置
　　於冷凍室使其凝固。

2　在調理杯中放入香草冰淇淋、
　　薄荷和敲碎的 1，用攪拌棒一起
　　混拌至均勻。倒入玻璃杯。

1　在調理杯中放入大略敲碎的板
　　狀巧克力和牛奶，用攪拌棒一
　　起混拌至巧克力變細為止，倒
　　入舖放好保鮮膜的方型淺盤
　　中，置於冷凍室使其凝固。

2　調理杯中放入香草冰淇淋和敲
　　碎的 1，用攪拌棒一起混拌至均
　　勻。倒入玻璃杯。

cordless

Part 02

使用切碎盆製作的糕點

Universal
cutter

切碎盆

使用於混拌材料、切碎時。區分間歇地按壓開關，嘎咻嘎咻混拌；或嘎～地長壓混拌，就是使用的重點。瑪芬、司康、餅乾、磅蛋糕、蘋果派等，人氣糕點都能完美成功地製作出來。

Carrot cake

紅蘿蔔蛋糕

在歐美是傳統的家庭自製蛋糕。
用了大量紅蘿蔔，具濕潤口感的成品。

〔材料〕

圓形模（直徑15cm底部可卸拆模型）1個

紅蘿蔔 … 1/2根（實際用量100g）
雞蛋 … 1個
二砂糖 … 45g
A｜低筋麵粉 … 75g
　｜泡打粉 … 1/2小匙

冷壓白芝麻油（或菜籽油）… 50ml
核桃（烘焙、無鹽）… 30g
葡萄乾 … 20g
B｜酸奶油（sour cream）… 100g
　｜上白糖 … 10g

〔預備作業〕

· 混合過篩A。
· 在模型中舖放烤盤紙。
· 以170℃預熱烤箱。

〔製作方法〕

1 紅蘿蔔攪拌成細碎狀

紅蘿蔔切成2～3cm的方塊，放入切碎盆中，將切碎盆拿在手上，使刀刃得以切到食材地邊晃動邊攪拌。取出紅蘿蔔碎，清洗並拭淨杯盆和刀刃。

2 加入雞蛋和砂糖混拌

加入雞蛋和砂糖混拌。

3 加入油

油分2次加入，每次加入後都長壓混拌。

4 加入其他材料攪拌

加入完成過篩的半量A、核桃、葡萄乾，間歇地混拌（→參照P9）。仍殘留粉類的狀態即可。

5 加入紅蘿蔔碎

加入剩餘的A和1的紅蘿蔔，間歇地混拌。過程中用橡皮刮刀清潔杯盆周圍。

6 倒入模型

待全體均勻後，倒入模型中，平整表面。

7 烘焙冷卻

放入170℃烤箱烘烤約30分鐘。用竹籤刺入中心，若竹籤沒有沾上稠黏的麵糊，即已完成烘烤。脫模置於網架上冷卻。

8 塗抹鮮奶油

混合B，用抹刀在表面推開塗抹。

Universal cutter
Blueberry muffin
藍莓瑪芬

Universal cutter
Chocolate scone
巧克力司康

Blueberry muffin

藍莓瑪芬

在美國被認為最受歡迎的瑪芬就是這種。
僅混拌烘烤，所以很適合早餐享用。

〔 材料 〕

瑪芬模（上寬7×底部5×高4cm）6個

奶油（無鹽）… 60g
上白糖 … 70g
蛋液 … 1個
鹽 … 1小撮
牛奶 … 50ml
A │ 低筋麵粉 … 120g
　│ 泡打粉 … 1/2大匙
藍莓 … 100g

〔 預備作業 〕

· 雞蛋放置回復室溫。
· 奶油切成2cm的方塊。
· 混合過篩A。
· 模型內放杯型紙襯（glassine paper）。
· 以170℃預熱烤箱。

〔 製作方法 〕

1　將奶油、砂糖放入切碎盆中，長壓混拌，使其成為乳霜狀[a]。

2　加入半量的攪散雞蛋長壓混拌，混拌後再加入其餘的蛋液、鹽，同樣地長壓混拌。

3　加入一半用量的牛奶和完成過篩的半量A，間歇地混拌[b]。混拌後再加入其餘的牛奶和剩餘半量的A，同樣間歇地混拌。

4　將3倒入模型至一半的高度，擺放上一半用量的藍莓。倒入其餘的3，並於表面擺放剩餘的藍莓。

5　以170℃的烤箱烘烤約25分鐘。

Memo
步驟1～3，在切碎盆中放入混拌材料時，要記得不時地用橡皮刮刀刮落沾黏在切碎盆側面的材料。如此才能均勻混拌。

a

b

Chocolate scone
巧克力司康

表皮酥脆、中間鬆軟,非常美好的口感!
雖然外觀看似凹凸不平,但入口時風味卻是意想不到的柔和。

〔材料〕

6個

低筋麵粉 … 120g
泡打粉 … 1/2大匙
鹽 … 少許
上白糖 … 20g
奶油(無鹽)… 50g
蛋液 ⓐ … 1/2個
牛奶 … 1大匙
板狀巧克力(黑巧克力)… 1片(50g)
蛋液 ⓑ … 適量
手粉(高筋麵粉)… 適量

〔預備作業〕

· 奶油切成1cm的方塊,置於冷藏室備用。
· 在烤盤上舖放烤盤紙。
· 以190℃預熱烤箱。

〔製作方法〕

1 將低筋麵粉、泡打粉、鹽、砂糖放入切碎盆中,間歇地混拌。

2 加入奶油,間歇地混拌至奶油成為紅豆大小的粒狀程度。

3 加入蛋液ⓐ、牛奶、大塊剁碎的板狀巧克力,間歇地混拌[a]。

4 待全體成為鬆散狀態後[b],擺放至撒有手粉的工作檯上,重覆「從上方按壓→切成一半重疊→由上方按壓」的作業,整合成麵團。

5 用擀麵棍將麵團擀壓成10×15cm的大小,均勻分切成6等分。排放在烤盤上,在表面刷塗蛋液ⓑ。

6 以190℃的烤箱烘烤約15～20分鐘,側面也烤成金黃色即可。

Memo
步驟4整合麵團時,若過度揉捏麵團,會使得奶油融化而無法烘烤出酥脆的口感。請儘速地完成作業吧。

a
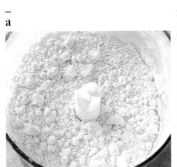

b

Snowball cookie &
Icebox cookie

雪球餅乾 & 冰箱餅乾

冰箱餅乾

一種麵團可以製作出很多成品，令人欣喜！
也非常適合當作伴手禮。

雪球餅乾

風味優雅且濃郁的餅乾。
可以享受雪球酥鬆地在口中化開的口感。

Snowball cookie

雪球餅乾

〔材料〕

20個

奶油（無鹽）… 50g
糖粉 ⓐ … 15g
杏仁粉 … 30g
低筋麵粉 … 80g
核桃 … 30g
糖粉 ⓑ … 適量

〔預備作業〕

· 奶油切成1.5cm的方塊。
· 在烤盤上舖放烤盤紙。
· 以150℃預熱烤箱。

〔製作方法〕

1　將奶油、糖粉ⓐ、杏仁粉、低筋麵粉放入切碎盆中，長壓混拌，至奶油成為米粒大小，全體呈現散砂狀態為止。

2　加入核桃，間歇地混拌至呈鬆散狀態為止。

3　取1大匙的麵團在手掌中滾圓，排放在烤盤上。

4　以150℃的烤箱烘烤約20分鐘。

5　放置待其降溫後，再撒上糖粉ⓑ，完全冷卻後，再次撒上糖粉。

Memo

核桃預先以150℃的烤箱烘烤10分鐘左右，更增添風味。烘烤過後的核桃，請在完全冷卻後再加入。

Icebox cookie

冰箱餅乾

〔材料〕

各約15片

香草	巧克力
奶油（無鹽）… 50g	奶油（無鹽）… 50g
上白糖 … 45g	上白糖 … 50g
蛋液 … 1/2個	蛋液 … 1/2個
香草油 … 2～3滴	低筋麵粉 … 90g
低筋麵粉 … 110g	可可粉 … 10g
手粉（高筋麵粉）… 適量	手粉（高筋麵粉）--- 適量

〔預備作業〕

· 奶油切成1.5cm的方塊，置於冷藏室備用。
· 在烤盤上舖放烤盤紙。
· 以150℃預熱烤箱。

〔製作方法〕

〈香草〉

1　將奶油、砂糖放入切碎盆中，長壓混拌。至滑順後，加入半量蛋液和香草油，長壓混拌，再加入其餘的蛋液，再次長壓混拌。

2　加入完成過篩的低筋麵粉，間歇地混拌至粉類完全消失後，用保鮮膜包覆放入冷藏室靜置30分鐘左右。

3　放置於撒有手粉的工作檯上，揉和整合麵團，滾動使其成為直徑4～5cm的圓柱狀，用保鮮膜包覆放入冷凍室靜置2個小時以上，使其冷卻變硬。

4　取下保鮮膜，由一側開始切成1cm厚片，排在烤盤上。以150℃的烤箱烘烤約20分鐘，置於網架上冷卻。

〈巧克力〉

在香草口味製作方法的步驟1，不添加香草油，在步驟2加入混合並完成過篩的低筋麵粉和可可粉。其餘作法皆相同。

Memo

在步驟3，成為圓柱狀時，若含有空氣則完成時會產生空洞，所以避免空氣進入進行揉和非常重要。

Tea pound cake

紅茶磅蛋糕

建議使用具高度香氣的伯爵茶葉。
最後以橡皮刮刀大動作粗略混拌，是製作的要領。

〔材料〕

迷你磅蛋糕模（長11.5×寬6×高5cm）2個

伯爵茶葉（茶包）… 1包（2g）
奶油（無鹽）… 50g
上白糖 … 45g
蛋液 … 1個（50g）
A｜低筋麵粉 … 60g
　｜泡打粉 … 1/2小匙

〔預備作業〕

· 奶油切成1.5cm的方塊。
· 混合過篩A。
· 在烤盤上舖放烤盤紙。
· 以170℃預熱烤箱。

〔製作方法〕

1　將伯爵茶葉放入切碎盆，手持切碎盆，使刀刃能切碎茶葉地邊晃動切碎盆，邊使茶葉打成細末[a]後，取出。

2　洗淨切碎盆並拭乾水氣，加入奶油和砂糖，長壓混拌。

3　待呈滑順狀後，分2次加入蛋液，每次加入後都長壓混拌[b]。

4　待全體混拌均勻，加入完成過篩的1，間歇地混拌。待全體均勻後，用橡皮刮刀大動作粗略混拌，倒入模型。

5　以170℃的烤箱烘烤約25分鐘。連同烤盤紙一起脫模，置於網架上冷卻。

Memo

在步驟3若過度混拌，會使奶油溶出而成為濃稠狀態，所以只要輕輕粗略混拌即OK。

a
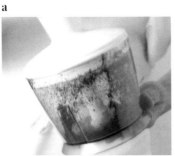

b

Apple pie

蘋果派

直接用手拿著享用的蘋果派。
酥鬆的餅皮搭配酸甜糖煮蘋果，美味得沒話說。

〔材料〕

4個

糖煮蘋果
蘋果 … 400g
上白糖 … 40g
檸檬汁 … 1/2大匙

派皮麵團
低筋麵粉 … 50g
高筋麵粉 … 50g
鹽 … 1小撮
奶油（無鹽）… 70g
冷水 … 40ml
手粉（高筋麵粉）… 適量

蛋黃 … 適量

〔預備作業〕

· 奶油切成1.5cm的方塊，置於冷凍室冷卻備用。
· 在烤盤上舖放烤盤紙。
· 以200℃預熱烤箱。

〔製作方法〕

1 製作糖煮蘋果。蘋果切成4等分，削皮去芯後，切成2cm的方塊。放入耐熱容器中，添加砂糖、檸檬汁粗略混拌→覆蓋保鮮膜→以600W的微波爐加熱5分鐘→粗略混拌→不蓋保鮮膜再加熱5分鐘→粗略混拌→不蓋保鮮膜再加熱3分鐘→直接放涼。

2 製作派皮麵團。將低筋麵粉、高筋麵粉、鹽放入切碎盆中，長壓混拌。

3 加入奶油，間歇地混拌，待奶油打成紅豆粒大小時，澆淋冷水，再長壓混拌，待全體呈現鬆散狀態為止[a]。

4 將3攤放在保鮮膜上，整合包覆成12cm的正方片，於冷藏室靜置30分鐘以上。

5 置於撒有手粉的工作檯上，以擀麵棍擀壓成12×35cm的大小，再三折疊。麵團轉向90度再次擀壓，再三折疊[b]。用保鮮膜包覆後，於冷藏室中靜置30分鐘以上。

6 取出置於撒有手粉的工作檯上，以擀麵棍擀壓成25cm的正方片，用保鮮膜包覆後，於冷藏室中靜置30分鐘左右。

7 除去保鮮膜，四邊以刀子切平，再以十字形狀分切成4等分。

8 各別在麵團的中央擺放糖煮蘋果，在周圍塗上水。將麵團以對角線方式對折，使其確實成為等邊三角形，二側確實貼合，以叉子按壓。

9 用刷子將蛋黃刷塗在表面，以刀尖刺出孔洞，放入200℃的烤箱烘烤約35分鐘，確實呈現烘烤色澤為止。

Memo
派皮麵團的切口若沒用刀子平整分切，烘烤時就無法漂亮的膨脹。步驟7切平的動作就是因此而進行。

a

b

Chouquette

珍珠糖小泡芙

將泡芙麵團烘烤成小小的法國人氣糕點。
表面硬脆，中間卻是柔軟輕盈的口感。

〔材料〕

約20個

牛奶 … 50ml
鹽 … 少許
奶油（無鹽）… 20g
高筋麵粉 … 25g
雞蛋 … 1個
細砂糖 … 約20g

〔預備作業〕

· 雞蛋放至回復室溫。
· 奶油切成1cm的方塊。
· 在烤盤上舖放烤盤紙。
· 以190℃預熱烤箱。

〔製作方法〕

1 在耐熱缽盆中放入牛奶、鹽、奶油，鬆鬆地覆蓋上保鮮膜，以
600W的微波爐加熱30秒。先取出混拌，待奶油融化後，再次
以微波爐加熱40秒。

2 加入高筋麵粉，以橡皮刮刀混拌至粉類消失為止，不覆蓋保鮮
膜地以微波爐加熱40秒。

3 將2放入切碎盆中，長壓混拌後，再將蛋液分2次加入[a]，每
次加入後都長壓混拌至全體均勻為止[b]。

4 將3放入裝有直徑1cm圓形擠花嘴的擠花袋內，在烤盤上以
2cm以上的間隔，擠出直徑2cm大的圓形麵糊。

5 麵糊全體上噴撒水霧，並於表面撒上細砂糖，放入190℃的烤箱
烘烤10分鐘。之後將溫度調降至160℃，再烘烤10～15分鐘至
產生裂紋並呈現金黃色為止，直接於烤盤上冷卻。

Memo

在步驟5烘烤泡芙麵糊時，過程中不可打開烤箱，一旦打開後，麵糊會
因而塌陷。

a

b

關於工具

若擁有讓步驟進行更順利的工具，糕點製作時會有更多樂趣。
在此介紹最低限度所需的工具。
購買時可作為參考，若手邊已有慣用的，就將它們靈活運用吧。

粉篩

細網目的網篩，什麼都能運用。

擀麵棍

擀壓麵團時使用。長30cm左右比較方便。

鍋子

直徑18cm左右最方便使用。

工作檯

用於擀壓麵團。

烤盤紙

舖墊於模型或烤盤使用。

抹刀

用於塗抹鮮奶油。建議選用薄且具彈性的商品。

烤盤

烤箱的附屬品。

橡皮刮刀

若有大中小3款，依其用途區分使用就十分方便了。

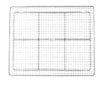

網架（冷卻架）

用於冷卻烘烤完成的糕點。

糕點用重石

本書使用的是塔餅重石。若沒有，也可以紅豆等乾燥的豆子來取代。

擠花袋和擠花嘴

本書中，擠花嘴使用的是圓型和星型。擠花袋使用可以洗淨重覆使用的產品。

缽盆

具耐熱性且具深度的不鏽鋼或玻璃製品最方便。

量秤和量匙

用於量測材料。其他像量杯也可以。

Part 03

使用球狀打蛋器製作的糕點

Whipper

球狀打蛋器

打發蛋白或鮮奶油、混拌材料時使用。可區分高速、低速，就是使用的重點。也可以將球狀打蛋器由主體拆解下來，作為手動的打發工具使用。介紹靈活運用球狀打蛋器的蛋白霜為主角的鬆餅、芭芭露亞、鄉村蛋糕、戚風蛋糕；以打發鮮奶油為主體的優格慕斯、以及充滿以上兩種魅力的蛋糕卷等。

Fluffy Pancake

舒芙蕾鬆餅

麵糊的重點就在於確實打發的蛋白霜。
膨鬆柔軟的口感，吃了就有幸福的心情。

〔材料〕

3片

雞蛋 … 1個
蛋白 … 1個
細砂糖 … 20g
玉米粉 … 5g
原味優格 … 1大匙

A │ 低筋麵粉 … 25g
　│ 泡打粉 … 1/4小匙
沙拉油 … 適量
綜合堅果 … 適量
蜂蜜 … 適量

〔預備作業〕

・ 混合過篩A。
・ 雞蛋分開蛋黃與蛋白。

〔製作方法〕

1 打發蛋白

將蛋白（2個）放入調理杯中，用球狀打蛋器攪散（高速→向右圈狀移動）。

2 加入細砂糖混拌

待體積打發成原來的4倍，全體顏色變白後，加入用量一半的細砂糖，用球狀打蛋器混拌（高速→向右圈狀移動）。

3 再次打發

確實成為蛋白霜後（→參照P10），加入其餘的細砂糖同樣地用球狀打蛋器打發。

4 加入玉米粉再粗略混拌

待成為硬質的蛋白霜後，加入玉米粉，用球狀打蛋器粗略混拌（低速→向左圈狀移動）。

5 加入蛋黃和優格混拌

加入蛋黃和優格，用球狀打蛋器粗略混拌（低速→向左圈狀移動）。

6 用橡皮刮刀混拌

加入完成過篩的A，從機器本體卸下球狀打蛋器，改用手拿著邊上下動作邊進行混拌。改用橡皮刮刀，使底部與邊緣的材料都能完全拌入。

7 溫熱平底鍋

用廚房紙巾將沙拉油薄薄地塗在平底鍋內，加熱。待平底鍋溫熱後，移至濕布巾上。

8 烘煎

將6的麵糊分成3等分，各別舀入平底鍋中，蓋上鍋蓋以小火烘煎3～4分鐘。待烘煎至呈金黃色後，翻面，同樣地烘煎。盛盤，撒上綜合堅果，再澆淋上蜂蜜。

Pavlova

帕芙洛娃

Whipper

Panby

鄉村蛋糕

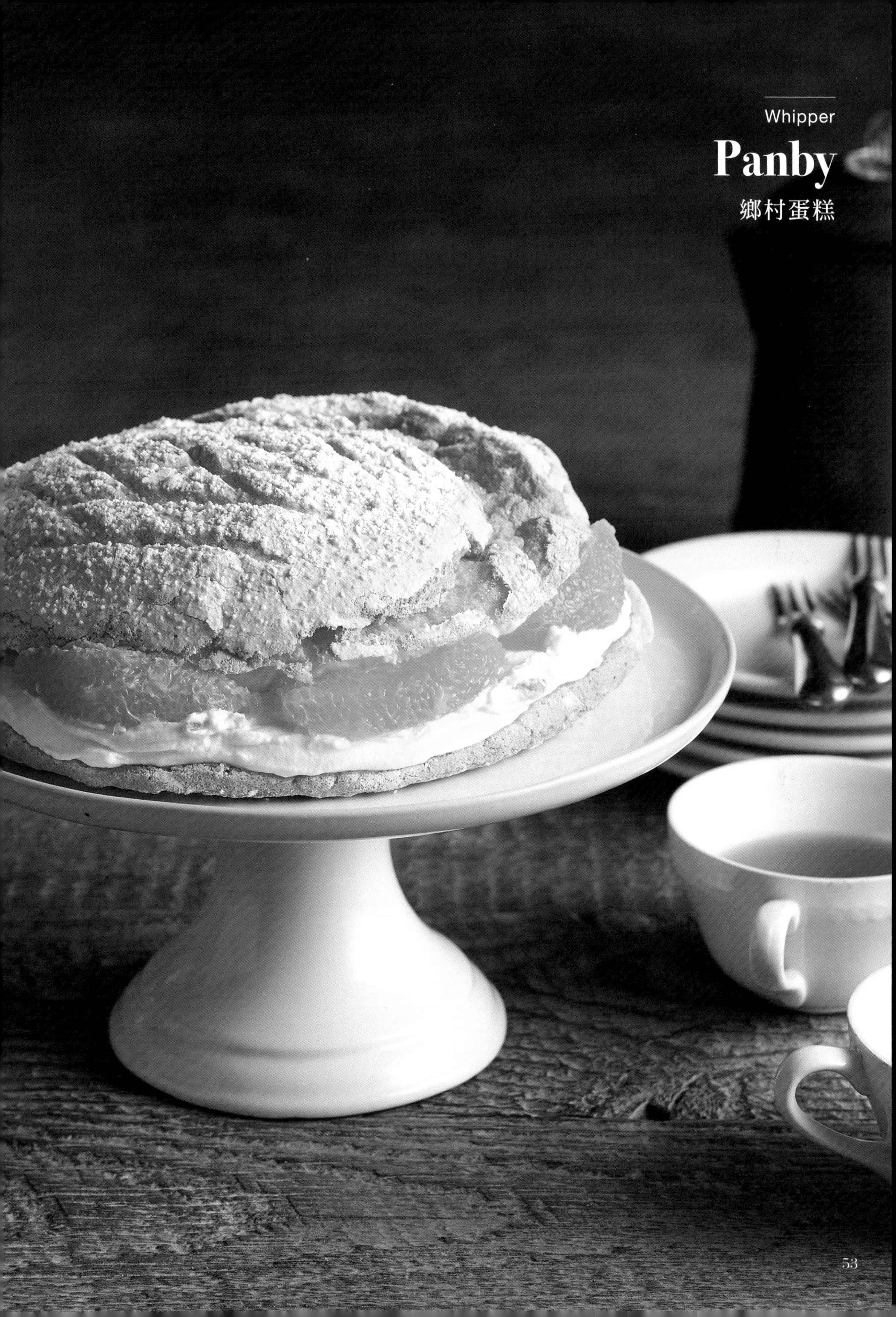

Pavlova

帕芙洛娃

不使用奶油也不使用麵粉的低卡美味點心。
蛋白霜的甜和醬汁的酸，形成了絕妙的組合。

〔材料〕

1個

蛋白 … 2個
細砂糖 … 50g
醋 … 1/2小匙
A｜玉米粉 … 5g
　｜糖粉 … 50g
鮮奶油 … 100g

莓果醬
冷凍綜合莓果 … 100g
蜂蜜 … 2大匙

〔預備作業〕

· 混合過篩A。
· 在烤盤上舖放烤盤紙。
· 以120℃預熱烤箱。
· 混合冷凍綜合莓果和蜂蜜，製作莓果
　醬，完成後置於冷藏室。

〔製作方法〕

1　將蛋白放入調理杯中，以球狀打蛋器打發。打發至待體積打發
　　成原來的4倍，全體顏色變白後，分3次加入細砂糖，每次加
　　入後打發（高速→向右圈狀移動）[a]。

2　加入醋粗略混拌，加入完成過篩的A，從機器本體卸下球狀打
　　蛋器，改用手拿著邊上下移動邊進行混拌[b]。待粉類完全消失
　　後，改用橡皮刮刀，混合拌勻。

3　在烤盤上將2放置成直徑約15cm的圓形，使中央處稍微凹
　　下，以120℃的烤箱烘烤約40分鐘。之後將溫度調降至100℃
　　再烘烤1小時，在烤箱餘溫的狀態下放置約1小時。

4　由烤箱中取出，置於網架上使其完全冷卻。

5　在鉢盆中放入鮮奶油，在鉢盆底部墊放冰水，以洗淨並擦乾的
　　球狀打蛋器打至9分發（→參照P10）。

6　在4上放置5打發好的鮮奶油，澆淋上莓果醬。

Memo

在步驟2中加入醋，是為了防止烘烤收縮以保持形狀。蛋白的蛋白質
會因醋而產生變性使其凝固。

a

b

Panby

鄉村蛋糕

取Pain de campagne（鄉村麵包）和biscuit（蛋糕）的字頭組合成的Panby。
表層酥脆、中間鬆軟的蛋糕，不需要模型就能製作。

〔材料〕

1個

雞蛋 … 2個
細砂糖 … 60g
A｜低筋麵粉 … 40g
　｜玉米粉 … 20g
糖粉 … 適量
鮮奶油 … 200ml
柑橘類果醬 … 40g
柳橙 … 2個

〔預備作業〕

· 分開雞蛋的蛋白和蛋黃。
· 混合過篩A。
· 在烤盤上舖放烤盤紙。
· 以170℃預熱烤箱。

〔製作方法〕

1　將蛋白放入調理杯中，以球狀打蛋器打發。打發至待體積打發成原來的4倍，全體顏色變白後，分3次加入細砂糖，每次加入後打發（高速→向右圈狀移動）。

2　加入蛋黃，粗略地混拌[a]，加入完成過篩的A，用橡皮刮刀由底部翻向上方，以切拌的混拌方式混合[b]，混拌至粉類完全消失即可。

3　將麵糊以圓頂狀盛放在烤盤上直徑約15cm，用橡皮刮刀平整外觀。

4　以茶葉濾網將糖粉篩撒至全體表面，待糖粉吸收完全消失後，再次篩上糖粉。

5　用刀子在表面劃出格狀線條，以170℃的烤箱烘烤10分鐘，之後將溫度調降至160℃再烘烤15～20分鐘，連同烤盤紙一起取出置於網架上降溫。

6　切下柳橙二端與外皮，刀子在薄皮與果肉間切入，將果肉取出，置於廚房紙巾上瀝乾果汁。

7　在調理杯中放入鮮奶油和柑橘類果醬，用球狀打蛋器攪打至8分發（→參照P10）。

8　將5橫向切開，中間塗抹上步驟7半量的打發鮮奶油，再擺放6的柳橙片，塗上其餘的打發鮮奶油，覆蓋上另一片蛋糕體。

> Memo
>
> 確實打發蛋白霜，儘速混拌麵糊是製作的要領。

a

b

Whipper

Spice chiffon cake

香料戚風蛋糕

膨鬆軟綿就是戚風蛋糕的最佳口感。

蛋黃混合蛋白霜後,避免破壞氣泡地混拌就是重點。

〔材料〕

戚風蛋糕模（直徑15cm）1個

雞蛋 … 2個
細砂糖 … 60g
冷壓白芝麻油（或是菜籽油）… 30ml
水 … 50ml
A │ 低筋麵粉 … 60g
　│ 泡打粉 … 1/2小匙
　│ 多香果粉（allspice）… 1小匙

打發鮮奶油
鮮奶油 … 100g
細砂糖 … 7g

粉紅胡椒（顆）… 適量

〔預備作業〕

· 雞蛋分出蛋黃和蛋白，蛋白放入缽盆
　中置於冷藏室。
· 混合過篩A。
· 以160℃預熱烤箱。

〔製作方法〕

1　在缽盆中放入蛋黃，用球狀打蛋器打散，加入半量細砂糖混拌[a]。

2　混拌後，少量逐次地加入油、用量的水，以劃圓方式地進行混拌（混合即可）。加入完成過篩的A，用球狀打蛋器以劃圓方式地進行混拌（混合即可）。

3　球狀打蛋器充分洗淨並擦乾。由冷藏室取出放了蛋白的缽盆，加入1小匙其餘的細砂糖，用球狀打蛋器打發[b]。

4　待全體顏色變白後，加入剩餘細砂糖的一半打發（高速→向右圈狀移動），加入剩餘的細砂糖打發至產生光澤為止（低速→向左圈狀移動）。

5　在2的缽盆中加入4的蛋白霜1/3份量，用球狀打蛋器粗略混拌，加入其餘的蛋白霜，以橡皮刮刀由下而上地翻拌混合。當蛋白霜的線條消失時，即結束混拌。

6　倒入模型中，用竹籤抵著模型底部劃3～4圈。以160℃烤箱烘烤約35～40分鐘，烘烤至裂紋也確實呈現金黃色為止。完成烘烤後立即連同模型一起倒扣冷卻。

7　製作打發鮮奶油。將鮮奶油和細砂糖一起放入調理杯中，以球狀打蛋器攪打至8分發（→參照P10）。

8　在6的模型周邊插入薄抹刀沿著模型劃開，脫模。切塊後盛盤，佐以7的打發鮮奶油，用手壓碎粉紅胡椒撒在表面。

Memo

在步驟4時打發至產生光澤，判斷標準是拉起球狀打蛋器時，蛋白霜的前端會向下低垂的程度。

a

b

Matcha swiss roll

抹茶蛋糕卷

蛋糕體和鮮奶油都加了抹茶,是極致抹茶風味的蛋糕卷。
不會過甜的大人滋味。

〔材料〕

1條

抹茶蛋糕(28cm的方型烤盤1個)
雞蛋 … 3個
細砂糖 … 70g
低筋麵粉 … 30g
抹茶 … 10g
奶油(無鹽)… 25g

抹茶鮮奶油
抹茶 … 2小匙
細砂糖 … 20g
鮮奶油 … 200ml
熱水 … 2小匙

〔預備作業〕

· 雞蛋放至回復室溫,分出蛋黃和蛋白。
· 加入麵糊的抹茶以茶葉濾網過濾,與
　低筋麵粉混合後過篩。
· 奶油放入耐熱容器內,鬆鬆地覆蓋上
　保鮮膜,放入600W的微波爐中加熱
　30秒使奶油融化。
· 在烤盤上舖放烤盤紙。
· 以190℃預熱烤箱。

〔製作方法〕

1　製作抹茶蛋糕體。在缽盆中放入蛋白,分3次加入細砂糖,每
　　次加入用球狀打蛋器充分混拌,確實製作出蛋白霜(→參照
　　P10)[a]。

2　加入全部用量的蛋黃,粗略混拌至全體顏色產生變化的程度。

3　加入完成過篩的粉類,以橡皮刮刀由下而上地翻起,粗略地混
　　拌。加入融化奶油,同樣地進行混拌。

4　倒入烤盤,均勻表面。以190℃烤箱烘烤約8～9分鐘,連同烤
　　盤紙一起從烤盤上取出,置於網架上冷卻。

5　製作抹茶鮮奶油。在缽中放入抹茶和細砂糖混合拌勻,加入熱
　　水混合攪拌。少量逐次地加入鮮奶油並攪拌使其融合,在缽盆
　　底部墊放冰水用球狀打蛋器攪打至8分發(→參照P10)[b]。

6　在4表面覆蓋新的烤盤紙並翻面,剝除貼合在蛋糕體上的烤盤
　　紙,再次翻面。

7　將5的抹茶鮮奶油推展塗抹在6的表面,從身體方向開始向外
　　捲起,包覆上保鮮膜於冷藏室靜置30分鐘。

Memo

蛋糕卷的蛋糕體過度烘烤,在捲起時會產生裂紋。確認烘烤程度,請輕
觸表面(很燙要小心!),鬆軟的蛋糕體不會沾黏在手上即可出爐。

a

b

Yogurt mousse

優格慕斯

風味清爽的慕斯，與酸甜果肉的果醬雙重奏。
有氣泡感的慕斯，入口即化的口感。

〔材料〕

600ml 容器 1 個

含果肉的藍莓果醬
藍莓 … 150g
細砂糖 … 30g
檸檬汁 … 1 小匙

鮮奶油 … 100ml
細砂糖 ⓐ … 10g
原味優格 … 300g
細砂糖 ⓑ … 30g
檸檬汁 … 1 又 1/2 大匙
粉狀明膠 … 5g
└ 水 … 2 大匙

〔預備作業〕

・粉狀明膠撒入用量的水中還原。

〔製作方法〕

1　製作藍莓果醬。在耐熱容器中放入藍莓、細砂糖、檸檬汁混拌，不覆蓋保鮮膜以600W的微波爐加熱1分鐘。取出混拌，再以微波加熱40秒，取出混合均勻，冷卻後放入冷藏保存。

2　在調理杯中放入鮮奶油，加入細砂糖ⓐ，用球狀打蛋器攪打至9分發（→參照P10)[a]，置於冷藏室備用。

3　將優格放入缽盆中，加入細砂糖ⓑ、檸檬汁，以橡皮刮刀混拌至細砂糖融化為止。

4　還原的明膠放入600W的微波爐中加熱20秒使融化，加入2大匙的3混拌，混拌後倒回3再混拌均勻。

5　在缽盆底部墊放冰水並混拌，混拌至產生稠度時，除去冰水，加入步驟2打發鮮奶油的1/3量，用球狀打蛋器粗略混拌，之後再加入其餘的打發鮮奶油，以橡皮刮刀混拌[b]。

6　倒入容器，置於冷藏室冷卻凝固。以湯匙舀至容器盛盤，淋上含果肉的藍莓果醬。

Memo

在步驟1製作含果肉的藍莓果醬時，不要過度混拌，避免將藍莓完全壓碎。

a

b

關於材料

在此介紹本書使用的基本材料。
糕點的材料是決定風味的關鍵,
所以請依照食譜配方,確實計量使用。

細砂糖

爽口的甜味。有粗粒和細粒的分別,用於糕點製作時,建議使用細粒製品。

優格

本書全部使用無糖的原味優格。

上白糖

較細砂糖更濃郁,也更有潤澤感。

低筋麵粉

用於製作出鬆軟的成品時,使用新鮮的麵粉。購入後請儘早使用完畢。

二砂糖

含有較上白糖更多的礦物質及美味成分,用於增添醇厚風味時。

玉米粉

利用玉米取得的澱粉製成。用於加入鬆餅等,製作出輕盈的口感。

糖粉

細砂糖製成的粉末。極為細緻的粉狀,用於完成時。

泡打粉

用於製作出膨脹鬆軟的成品。

蜂蜜

柔和的甜度,卡路里較砂糖低。

鮮奶油

用於糕點時,建議使用乳脂肪成分42%以上的動物性鮮奶油。

雞蛋

本書用的是帶殼60g的M尺寸。

粉狀明膠

本書使用撒入水中還原的製品。還有可直接撒入熱液體中融化的類型。

牛奶

使用無成分調整的鮮奶。

奶油

全部使用無鹽奶油。

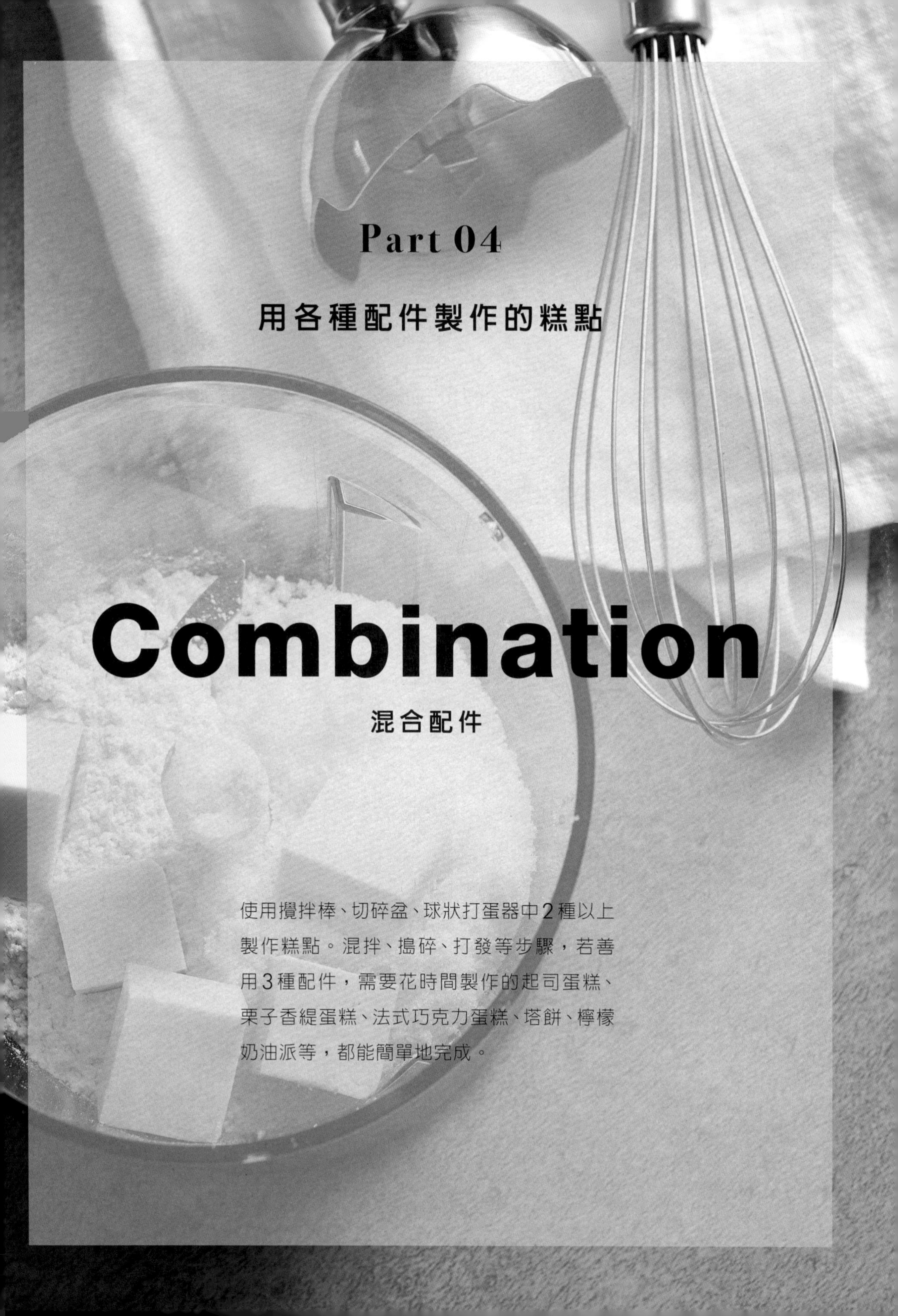

Part 04

用各種配件製作的糕點

Combination

混合配件

使用攪拌棒、切碎盆、球狀打蛋器中2種以上
製作糕點。混拌、搗碎、打發等步驟，若善
用3種配件，需要花時間製作的起司蛋糕、
栗子香緹蛋糕、法式巧克力蛋糕、塔餅、檸檬
奶油派等，都能簡單地完成。

Rare cheesecake

免烤起司蛋糕

混拌後放入冷藏，就可以輕鬆完成的起司蛋糕。
奶油起司和優格是絕佳的搭配組合。

〔材料〕

圓形模（直徑15cm底部可卸拆模型）1個

底座

餅乾（biscuit）… 50g
奶油（無鹽）… 30g

起司蛋糕

奶油起司 … 200g
細砂糖 … 75g
原味優格 … 100g
鮮奶油 … 100ml
檸檬汁 … 1大匙
粉狀明膠 … 5g
└ 水 … 2大匙

優格鮮奶油

原味優格 … 80g
鮮奶油 … 80ml
細砂糖 … 10g

開心果 … 適量

〔預備作業〕

· 奶油起司置於室溫放至柔軟。
· 在耐熱容器內放入用量的水,撒入粉狀明膠混拌,還原。
  奶油放入耐熱容器內,鬆鬆地覆蓋上保鮮膜,放入600W的微波爐中加熱40秒使奶油融化。

· 在烤盤上舖放烤盤紙。
· 優格鮮奶油用的優格放入舖有烤盤紙的網篩中,置於冷藏室2小時瀝乾水分。

〔製作方法〕

1 製作底座

餅乾剁成大塊放入切碎盆中,長壓混拌。待攪打成紅豆粒大小時,加入融化奶油混拌。再次長壓混拌,使奶油完全均勻。

2 舖放模型的底座

用湯匙等將底座填充按壓在模型底部,直接放入冷藏室冷卻。

3 製作起司蛋糕

在缽盆中放入奶油起司和細砂糖,用攪拌棒攪打成滑順狀態。

4 混拌

依序加入優格、鮮奶油、檸檬汁,每次加入後都用攪拌棒混拌(混合拌勻即可)。

5 加入明膠

還原的明膠以600W的微波爐加熱20秒,使其融化。加入2大匙的4混拌,混拌後倒回4的缽盆,再混拌均勻。

6 材料倒入模型

倒入2的模型中,平整表面,置於冷藏室3小時以上使其冷卻。

7 製作優格鮮奶油

製作優格鮮奶油。在缽盆中放入瀝乾水分的優格、鮮奶油、細砂糖,在缽盆底部墊放冰水,並用球狀打蛋器攪打至8分發(→參照P10)。

8 脫模,絞擠鮮奶油

將7放入裝有圓型擠花嘴的擠花袋內。用刀子沿著6的模型圈狀地劃入使其脫模。從外側朝內在表面擠上鮮奶油,再撒上切碎的開心果。

Baked cheesecake

烤起司蛋糕

絕妙的酸味和甜味。
能夠充分品嚐起司的濃郁風味。

〔材料〕

琺瑯方型淺盤（21 × 16.5 × 高3cm）1個

底座
餅乾（biscuit）… 50g
奶油（無鹽）… 30g

起司蛋糕
A │ 奶油起司 … 200g
  │ 原味優格 … 30g
  │ 上白糖 … 40g
  │ 蜂蜜 … 20g
雞蛋 … 1個
檸檬汁 … 2小匙
鮮奶油 … 100ml
低筋麵粉 … 20g

綜合水果乾、綜合堅果 … 各適量
蜂蜜 … 適量

〔預備作業〕

· 奶油起司置於室溫中放至柔軟。
· 在方型淺盤上舖放烤盤紙。
· 以190℃預熱烤箱。

〔製作方法〕

1 製作底座。參照P65「製作底座」的方法。與步驟1相同，步驟2不填放至模型，改填於方型淺盤內。

2 製作起司蛋糕。在缽盆中放入A，用攪拌棒混拌至全體均勻為止[a]。

3 加入雞蛋，再次混拌至全體變成滑順狀。

4 依序加入檸檬汁、鮮奶油[b]、低筋麵粉，每次加入後都均勻混拌。

5 倒入1的方型淺盤中置於烤盤上，以190℃烤箱烘烤10分鐘，之後將溫度調降至180℃再烘烤約15分鐘。

6 直接連同方型淺盤一起置於網架上，冷卻至降溫。放入冷藏室2小時以上使其冷卻，由方型淺盤中取出，切成3cm寬的長條狀。依個人喜好加上混拌了蜂蜜的綜合水果乾碎或綜合堅果碎。

Memo
奶油起司要從柔軟狀態開始進行混拌，若是在冷硬狀態下會很容易結塊，重要的是不能過度混拌，一旦過度混拌，會因攪入了空氣過度膨脹，導致烘烤後產生劇烈的回縮。

a

b

Blender + Whipper

Marron chantilly

栗子香緹蛋糕

Gâteau au chocolat

法式巧克力蛋糕

Blender + Whipper

Marron chantilly

栗子香緹蛋糕

烘烤過的蛋白餅上，覆蓋大量的栗子餡和打發的高脂鮮奶油（Double cream）。
蛋白霜以低溫確實烘烤，即是製作重點。

〔材料〕

5個

蛋白餅（10個，使用半量）
蛋白 … 1個
細砂糖 … 25g
A │ 糖粉 … 25g
　 │ 玉米粉 … 3g

栗子 … 5～6個（180g）
細砂糖 … 20g
水 … 50ml
鮮奶油 … 30ml
蘭姆酒 … 1小匙
牛奶 … 1大匙

打發鮮奶油
鮮奶油 … 170ml
細砂糖 … 3g

〔預備作業〕

· 混合過篩A。
· 在烤盤上舖放烤盤紙。
· 以190℃預熱烤箱。

〔製作方法〕

1　製作蛋白餅。在調理杯中放入蛋白，用球狀打蛋器打發。待打發至成為原體積的4倍，全體顏色變白後，分2次加入細砂糖，每次加入後都充分打發，確實製作出蛋白霜（→參照P10）[a]。

2　加入完成過篩的A，用手拿著球狀打蛋器上下移動混拌。改以橡皮刮刀大動作地混拌全體，放入裝有直徑1cm的圓型擠花嘴的擠花袋內，在烤盤上邊按壓邊擠出直徑5cm大小（10個）。以120℃烤箱烘烤40分鐘，在烤箱停止加熱後，仍置於有餘溫的烤箱內約1小時左右，之後再取出冷卻。

3　在鍋中煮沸熱水放入栗子，煮20分鐘後取出。降溫後對半切開，用湯匙挖出栗子。

4　在另外的鍋中放入水和細砂糖煮至沸騰，加入3混拌，加熱至水分完全消失。取出攤放在方型淺盤上。

5　在調理杯中放入4、鮮奶油、蘭姆酒，以攪拌棒混拌至栗子略有粒狀殘留的程度[b]。

6　取30g的5加入牛奶混拌，以細網目的網篩過濾，放入裝有小的星型擠花嘴的擠花袋內。

7　製作打發鮮奶油。在缽盆中放入鮮奶油和細砂糖，在缽盆底部墊放冰水邊攪打至8分發（→參照P10），放入裝有星型擠花嘴的擠花袋內。

8　將步驟5的栗子餡，分別盛放在5個步驟2蛋白餅的上方，將7打發鮮奶油絞擠覆蓋至表面全體，頂端擠出一小朵步驟6的栗子泥。

Memo
留下5個底座用的烘烤蛋白霜。直接食用也很美味的唷。

a

b

Gâteau au chocolat

法式巧克力蛋糕

巧克力蛋糕界如王者般的存在。
喜歡巧克力的人會停不下來的濃郁潤澤口感。

〔 材料 〕

圓形模（直徑15cm底部可卸拆模型）1個

甜巧克力 … 100g

奶油（無鹽）… 50g

鮮奶油 … 50ml

雞蛋 … 2個

細砂糖 … 60g

A｜低筋麵粉 … 15g
　｜可可粉 … 10g

糖粉 … 適量

〔 預備作業 〕

· 混合過篩A。

· 在烤盤上舖放烤盤紙。

· 以170℃預熱烤箱。

〔 製作方法 〕

1　巧克力切碎放入缽盆中，加入奶油隔水加熱（熄火狀態）。融化
　　後以攪拌棒混拌，至呈滑順狀態後，加入鮮奶油混拌 [a]。

2　在調理杯中放入雞蛋，用球狀打蛋器攪散，加入細砂糖，混拌
　　至顏色發白為止 [b]。

3　停止1的隔水加熱，加入完成過篩的A，以橡皮刮刀混合拌
　　勻。分2次加入2的蛋糊，每次加入後都用橡皮刮刀混拌。

4　倒入模型中，平整表面，以170℃的烤箱烘烤約20分鐘，待表
　　面乾燥後即已完成烘烤。脫模置於網架上冷卻，用茶葉濾網篩
　　撒上糖粉。

Memo

過度烘烤會使蛋糕變硬所以要多加注意，表面乾燥即OK。這樣的狀態
下，就能完成中央稠軟的蛋糕。

a

b

Blender + Universal cutter + Whipper

Fruit tartlet

水果塔

塔餅麵團是用切碎盆混拌材料擀壓即可。

擺放上當季水果，就能完成色彩鮮艷、外觀小巧的迷你水果塔了。

〔材料〕

小型塔餅模
（上寬5.5×底部4×高1cm）12個

塔餅麵團
低筋麵粉 … 70g
杏仁粉 … 30g
上白糖 … 40g
奶油（無鹽）… 50g
蛋液 … 1/2個（25g）

手粉（高筋麵粉）… 適量

卡士達鮮奶油
蛋黃 … 2個
上白糖 … 60g
低筋麵粉 … 25g
牛奶 … 250ml

水果（1個的用量）
覆盆子 … 7個
藍莓 … 12個
奇異果 … 1/2個
草莓 … 大的1個
葡萄柚 … 1瓣
柳橙 … 3瓣

〔預備作業〕

· 奶油切成1.5cm塊狀置於冷藏室冷卻。
· 在作業5之後以170℃預熱烤箱。

〔製作方法〕

1 製作塔餅麵團。在切碎盆中放入低筋麵粉、杏仁粉、糖和奶油，長壓混拌至看不見粒狀奶油，整體成為散砂狀態為止。

2 加入蛋液，間歇地混拌至看不見粉類，成為鬆散狀態為止。用手抓握時可以成團即OK[a]。

3 用保鮮膜包夾2的麵團，以擀麵團將其均勻擀壓成12cm、厚5mm的正方片。放入冷藏冷卻30分鐘以上。

4 除去保鮮膜，將麵團置於撒有手粉的工作檯上，用手均勻按壓麵團，再以擀麵棍擀壓成5mm厚。

5 按壓出較塔餅模略大的圓形，覆蓋在塔餅模上，以手指沿著模型按壓，用刀子切去露出模型的部分。靜置於冷藏室30分鐘以上。

6 在5上覆蓋鋁箔紙（或放鋁箔紙模），再放入糕餅用重石（若沒有也可用紅豆替代），以170℃的烤箱烘烤15分鐘，取下重石和鋁箔紙杯，再烘烤10～15分鐘至全體呈金黃色為止。脫模並置於網架上冷卻。

7 製作卡士達鮮奶油。在耐熱缽盆中放入蛋黃，用球狀打蛋器攪散，加入細砂糖，混拌至顏色發白為止。加入低筋麵粉混拌，混拌完成後少量逐次地邊加入牛奶邊進行混拌。

8 不覆蓋保鮮膜，將7以600W的微波爐加熱3分30秒。暫時取出以球狀打蛋器混拌[b]，再次以微波爐加熱30秒。取出用球狀打蛋器攪拌至全體成為滑順狀為止，貼合表面地包覆保鮮膜，並在表面放置保冷劑。待降溫後，置於冷藏室靜置冷卻3小時左右。

9 待完全冷卻後，以攪拌棒混拌至滑順後，盛放在6的塔中，再裝飾上切好的新鮮水果。

Memo
在步驟2時，若麵團本身已成塊狀，就是過度混拌，口感也會因而變硬。看起來鬆散狀態，但以手抓握會形成塊狀，才是最佳狀態。

a

b

Blender + Universal cutter + Whipper

Lemon cream pie

檸檬奶油派

派皮麵團和檸檬奶油餡、蛋白霜三重交織的風味競賽。
是巧妙地調合了檸檬的酸味與甜味的糕點。

〔材料〕

派餅模
（上寬18.5 × 底部15 × 高1.5cm）1個

派皮麵團
低筋麵粉 … 50g
高筋麵粉 … 50g
鹽 … 1小撮
奶油（無鹽）… 70g
冷水 … 40ml

檸檬奶油餡
雞蛋 … 2個
蛋黃 … 1個
細砂糖 … 85g
玉米粉 … 10g
檸檬汁 … 80ml
奶油（無鹽）… 30g

蛋白霜
蛋白 … 1個
細砂糖 … 25g

〔預備作業〕

· 奶油切成1cm塊狀，置於冷藏室冷
　卻凝固。
· 在步驟1後以190℃預熱烤箱。

〔製作方法〕

1　製作派皮麵團。參照P45「蘋果派」的製作方法。製作方法2～
　　4為止都相同。製作方法5，將派皮麵團擀壓成較派模略大的圓
　　形，擺放在派模上，用手指按壓使其貼合，用刀子切去超出模
　　型的部分。靜置於冷藏室30分鐘以上。

2　用叉子在1麵團全體表面刺出孔洞，舖放烤盤紙再放置糕餅用
　　重石（若沒有也可用紅豆替代），以190℃的烤箱烘烤約20分
　　鐘。至邊緣呈現烘烤色澤時，取下重石和烤盤紙，再烘烤5～
　　10分鐘，至全體呈金黃色為止，連同派模一起冷卻。

3　製作檸檬奶油餡。在厚鍋中放入雞蛋和蛋黃，用球狀打蛋器攪
　　散混拌雞蛋。加入細砂糖、玉米粉、檸檬汁、奶油。

4　用稍弱的中火加熱，不斷地用橡皮刮刀混拌。待產生黏稠時，
　　轉成小火再混拌約2分鐘。

5　離火，改用打蛋器混拌成滑順狀態[a]，攤放在方型淺盤上並在
　　表面緊貼覆蓋保鮮膜，並放置保冷劑。冷卻後，置於冷藏室靜
　　置冷卻1小時以上。

6　製作蛋白霜（在這期間以230℃預熱烤箱）。在調理杯中放入蛋
　　白，用球狀打蛋器打發。待打發至原來體積的4倍，全體顏色
　　變白後，分2次加入細砂糖，每次加入後都充分打發，確實製
　　作出蛋白霜（→參照P10)[b]。

7　在2冷卻的派內放入5的檸檬奶油餡，用橡皮刮刀平整表面，
　　再放上大量6的蛋白霜。用230℃烤箱烘烤3～4分鐘，至蛋白
　　霜呈現烤色為止。

Memo

在步驟4，持續用橡皮刮刀混拌，是因為玉米粉容易飛濺，即使產生結
塊也請繼續混拌。步驟5只要離火混拌，結塊就會消失了。

a

b

手持攪拌棒—Q&A

無論是料理或是糕點製作都能使用的手持攪拌棒，在此回覆經常被詢問的問題。
因手持攪拌棒各廠牌的差異，操作方法或特徵也會有所不同，
使用前請大家務必仔細詳閱操作說明書。

〔攪拌棒〕

Q. 殘留在刀刃或刀片軸心的材料，
　　該如何取下呢？

A. 請使用小型橡皮刮刀或矽膠湯匙、竹籤等刮除下來。除了糕點製作外，用於料理時，含較多筋膜的肉類纖維也容易沾黏。所以多筋膜的肉類，請先用刀子切斷筋膜後再使用。本書所使用攪拌棒的刀刃是搗碎用的刀，所以用手觸摸也不會被切到。請先確認自己的攪拌棒是何種刀刃，若是切碎用的刀刃，請勿用手觸摸。

Q. 轉動變得艱難。為什麼呢？

A. 有可能是食材等捲入轉動的刀軸，或被黏住了。特別是容易結塊的葉菜類等纖維及油脂類。當轉動變得艱難、發出聲音、卡住…等時候，除了平時的清潔保養之外，請再用小刷子試著清潔轉動刀刃的底部。若是被油脂阻塞，可以邊用熱水溫熱攪拌棒，邊刷下油脂進行刷子的清潔。

Q. 攪碎冰塊時也可以使用嗎？

A. 也有可以碎冰的攪拌棒品牌。冰＋水若沒有發出很大的聲音，就能順利地攪碎冰塊。若是製冰盒製作的冰塊，即使不加水分也可以攪碎，但若是發出很大的聲音、或冰塊的碎冰會飛散時，就請特別留意。外面販售的袋狀冰塊非常硬，也沒有水分，所以並不適合用於製作碎冰。建議使用家庭冰箱製冰盒製作的冰塊。切碎盆是無法碎冰的，請勿使用。

〔切碎盆〕

Q. 可以直接將切碎盆放入冷凍室嗎？

A. 雖然有很多杯盆、調理杯都可以直接冷藏、冷凍，但還是請先確認手邊機器的使用操作說明書。為避免沾染到其他氣味，建議使用附件的蓋子覆蓋後再收納存放。混拌、切碎後直接保存，可以看到內容物也十分方便。

Q. 想要切碎紅茶茶葉，
但卻無法均勻地完成！

A. 應該是沒有晃動切碎盆進行攪拌吧。為使轉動的刀刃能切到茶葉，請用手拿起晃動切碎盆進行動作。此外，混拌粉類之後，加入固態奶油或巧克力等材料時，最初請先重覆間歇地混拌切碎，之後邊晃動切碎盆邊長壓混拌（→參照P9），如此就能充分完美地完成了。

Q. 有不容易切碎的食材嗎？

A. 像製作醬汁般的液狀材料，只需要混拌的，就不太適合。因為是將食材切碎的配件，羅勒葉、起司、松子等切碎後加入液態油混拌、添加食材醬汁製作等，都OK。

〔球狀打蛋器〕

Q. 蛋白霜從調理杯中滿溢出來！

A. 可以想見是蛋白的用量太多的原因。減量，或是請改用較攪拌棒用調理杯更大更深的缽盆等，再進行打發。球狀打蛋器使用在攪拌棒用調理杯之外的缽盆也是OK的。

Q. 除了打發蛋白霜和鮮奶油以外的用途？

A. 還建議可以用於熱牛奶的起泡。溫熱牛奶用球狀打蛋器打發時，可以呈現細緻膨鬆柔軟的氣泡，不可思議地增加甜味。直接飲用也很美味，建議還能加入咖啡製成卡布其諾，在家也能享受到咖啡廳般的美味。請大家務必一試。

Q. 球狀打蛋器，也可以當作一般的攪拌器使用嗎？

A. 當然可以。像是低筋麵粉、泡打粉、可可粉等一起使用時，在過篩前就可以用球狀打蛋器充分混拌。在本書中芭芭露亞的製作方法（→參照P54）就是如此使用，在蛋白霜中加入玉米粉和糖粉後混拌時，就是取下球狀打蛋器，直接以手持混拌。

Q. 用手持攪拌棒調理時，
有不適用的食材嗎？

A. 咖啡豆、硬的乾貨、種籽、骨頭、軟骨、肉類筋
膜、冷凍食品等不能使用。因機種不同，有些攪
拌棒或球狀打蛋器無法用於強烈黏性的食材等，
請先確認使用說明書。

Q. 冷凍水果
也可以切碎嗎？

A. 請半解凍後使用。本書P32的「草莓奶
昔」使用的草莓，就是半解凍後使用。

Q. 只有前端部分可以水洗嗎？

A. 有很多商品是本體與尾段部分無法水洗，請多加
注意。請將本體與尾段部分用含有餐具洗潔劑的
布巾擦拭表面後，再以擰乾水分的布巾擦拭。在
調理杯中加入水（或溫水）適量加入餐具洗潔
劑，將攪拌棒放入水中的狀態下轉動[a]。切碎
盆，則請注意避免切到手地拆下刀刃，用牙刷等

清除掉加入奶油的塔餅麵團等，容易沾黏的材料
[b]。球狀打蛋器的鋼絲部分，請用蘸有餐具洗潔
劑的海綿、水（或溫水）來清洗[c]。依廠商不
同，清潔保養的方法也略有差異，請充分閱讀使
用說明書後再進行清洗。

a

b

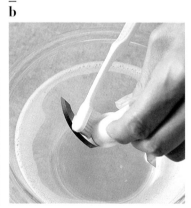

c

Joy Cooking

一支攪拌棒，輕鬆完成超人氣糕點

作者　荻田尚子

翻譯　胡家齊

出版者 / 出版菊文化事業有限公司　P.C. Publishing Co.

發行人　趙天德

總編輯　車東蔚

文案編輯　編輯部

美術編輯　R.C. Work Shop

台北市雨聲街77號1樓

TEL：(02)2838-7996　　FAX：(02)2836-0028

法律顧問　劉陽明律師　名陽法律事務所

初版日期　2019年7月

定價　新台幣320元

ISBN-13：9789866210679　　書　號　J135

讀者專線　(02)2836-0069

www.ecook.com.tw

E-mail　service@ecook.com.tw

劃撥帳號　19260956 大境文化事業有限公司

HANDY BLENDER DAKARA TSUKURERU OISII OKASHI
© HISAKO OGITA 2018
Originally published in Japan in 2018 by SHUFU TO SEIKATSU SHA CO., LTD., TOKYO.
Chinese translation rights arranged through TOHAN CORPORATION, TOKYO.

一支攪拌棒，輕鬆完成超人氣糕點
荻田尚子 著
初版. 臺北市：出版菊文化
2019　80面；19×26公分
（Joy Cooking系列；135）
ISBN-13：9789866210679
1.點心食譜
427.16　　108009516

美術總監・設計　小橋太郎 (Yep)
攝影　野口健志
造型　池水陽子
校閱　滄流社
糕點製作助手　高橋玲子　小山ひとみ
企劃・結構組成・取材　小橋美津子 (Yep)
編輯　泊出紀子
攝影協助　日本グリーンパックス株式会社

材料提供
TOMIZ (富澤商店)
オンラインショップ：
https://tomiz.com/